回到远古看恐龙

去白垩纪！

[俄]阿纳斯塔西亚•加尔金娜 [俄]叶卡捷琳娜•拉达特卡 著

[俄]波琳娜•波诺马廖娃 绘

索轶群 译

中国纺织出版社有限公司

瞧，这是双胞胎丽塔和尼基塔。他们是恐龙的狂热爱好者，知道很多有关恐龙的知识。一直以来，他们都梦想能参加一次考古夏令营，亲眼看看古老的恐龙骨架。

就在最近，他们的梦想成真了！

这天，下班回家的妈妈还没来得及进门，就向丽塔和尼基塔宣布了一个好消息：一周后，你们可以去参加考古夏令营啦！那里可发掘出过恐爪龙哟！

“太好啦！”兄妹俩听了一起大喊，手中的毛绒玩具被抛到了空中。

“但是，姥姥会和你们一起去。”妈妈故作严厉地加了一句。

“好，没问题！”答应了妈妈，兄妹俩马上开始计划着收拾行李。

“千万别忘了把那本关于恐龙的书带上。”丽塔小声说。

“你说的是那一本吗？！”尼基塔惊讶地问。

“对啊。”丽塔露出了一丝狡黠的笑容，“它可能会派上用场。”

那本书或许真的会有用，因为它是一本魔法书。不止一次帮助兄妹俩穿越回恐龙时代。

一周的等待对于兄妹俩来说好漫长啊。终于，他们和姥姥一起来到了夏令营。在那里他们见到了考古队长——英纳克奇教授，他把大家带到了恐龙遗骸的挖掘地。

“哇——”尼基塔发出了一声长长的惊叹，目光始终没有离开那些半露在地面的恐龙遗骸。

“是啊，很壮观。”教授说，“这是恐爪龙的骨架。根据我们的研究，有一群恐爪龙曾在这里灭绝了。”

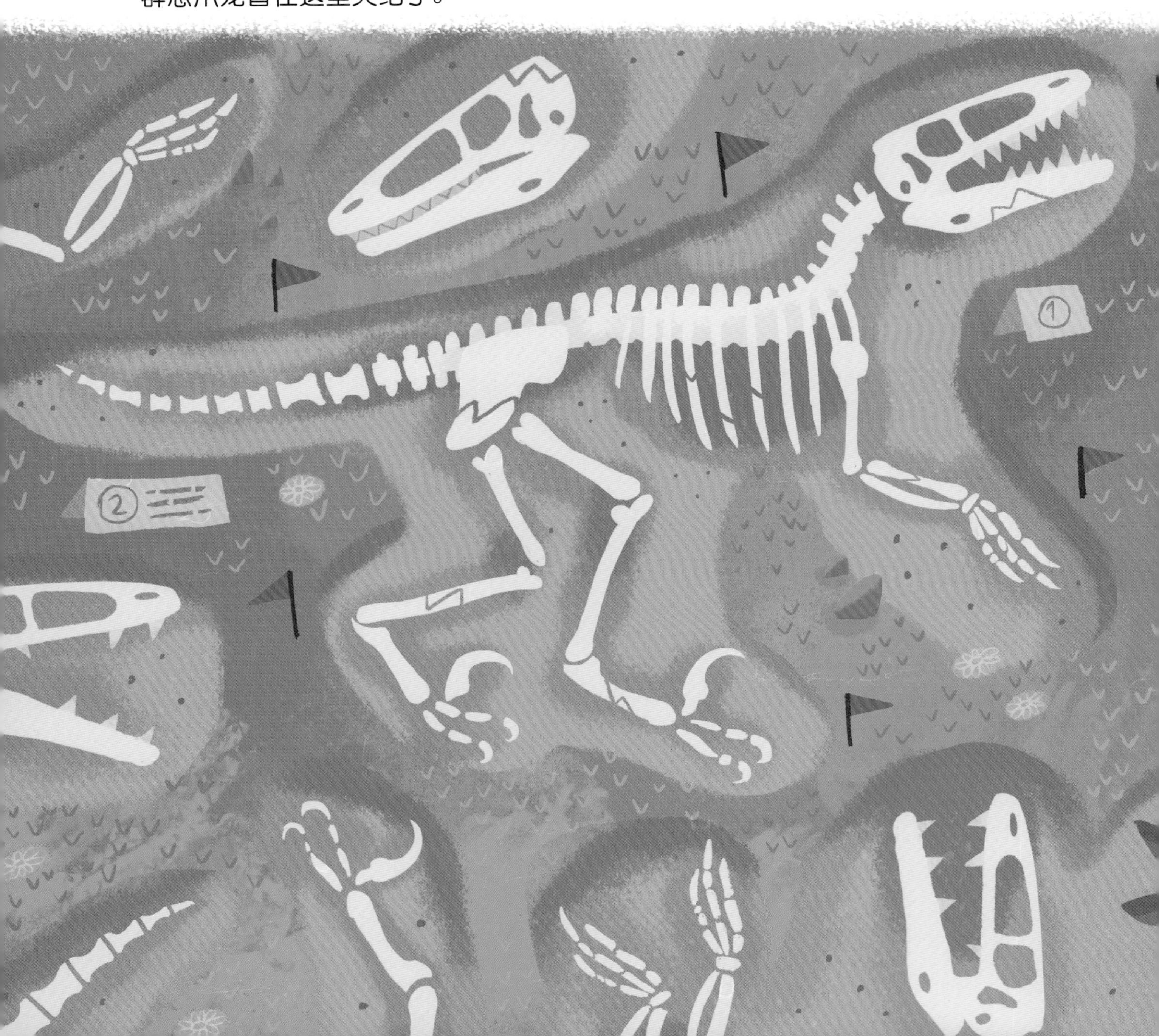

“它们为什么会灭绝呢？”丽塔问。她和尼基塔一样，目光始终被那些庞大的骨架吸引着。

“这就是考古学家们需要弄清楚的咯。”教授笑着说。

“那是什么？就在那儿，离骨架不远的地方。”姥姥有些惊讶地问。

“那是禽龙的足迹，不只是这一处，周围有一串这样的印迹。但是我们暂时还没有发现这种大型植食类恐龙的骨架，周边只挖掘出了恐爪龙的骨架。”教授解释说，“这周围的印迹还真是一个谜！”

几个小时后，大家都回到帐篷里休息，丽塔和尼基塔一起激动地探讨着刚才的所见所闻。

“千百万年前，这片土地上到底发生过什么呢？”尼基塔若有所思地问。

“不着急，科学家会解开这些谜底的。”丽塔对他说。

“那是你们的手电筒吗？它在一闪一闪地发光呢。”姥姥打断了兄妹俩的对话。

“哪儿？”孩子们瞬间兴奋了起来。

那并不是手电筒的光芒，而是放在背包里的魔法书发出来的光！

“这不可能啊！”姥姥大叫着，把身子探向背包。

就在这一瞬间，大家听见外面传来了沉重的脚步声。顾不上一闪一闪的亮光，三个人紧张又小心地把头探出帐篷。

呈现在他们眼前的，是一幅前所未有的壮观画面：距离帐篷只有几米远的地方，有一只巨型恐龙，厚实的背上长满了尖尖的骨刺。离它不远处，站着一只长着利爪的恐龙，浑身长满了羽毛。

“看！那只长满羽毛的恐龙是犹他盗龙。”丽塔小声说，“另一只我就不知道了……”

“那是加斯顿龙。”尼基塔说，“是一种植食类恐龙。”

“孩子们，你们之前已经有穿越回过去的经历了？就像我从前那样？”姥姥激动地小声问道。

“什么？姥姥您也来过这儿？”丽塔惊讶极了。

“当然了，在魔法书的帮助下，我可不止一次地穿越回恐龙时代呢。现在该轮到你们去探险啦！要知道，魔法书是会自己选择在什么时间、和谁一起踏上旅程的。”

突然，犹他盗龙发出了一声可怕的怒吼，朝着那只行动缓慢的加斯顿龙扑了过去。

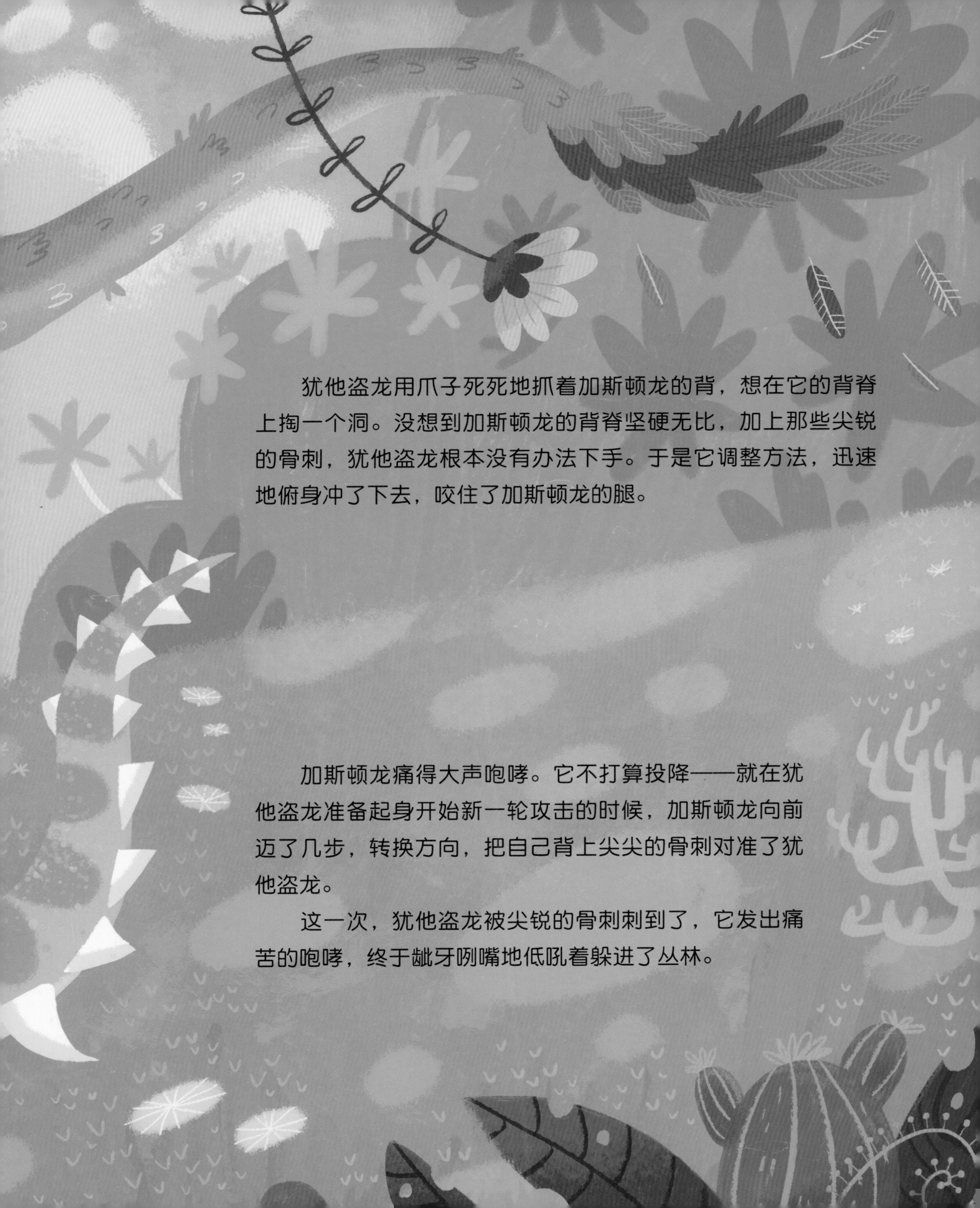

犹他盗龙用爪子死死地抓着加斯顿龙的背，想在它的背脊上掏一个洞。没想到加斯顿龙的背脊坚硬无比，加上那些尖锐的骨刺，犹他盗龙根本没有办法下手。于是它调整方法，迅速地俯身冲了下去，咬住了加斯顿龙的腿。

加斯顿龙痛得大声咆哮。它不打算投降——就在犹他盗龙准备起身开始新一轮攻击的时候，加斯顿龙向前迈了几步，转换方向，把自己背上尖尖的骨刺对准了犹他盗龙。

这一次，犹他盗龙被尖锐的骨刺刺到了，它发出痛苦的咆哮，终于龇牙咧嘴地低吼着躲进了丛林。

“胜利了！”尼基塔兴奋地跑出了帐篷。

丽塔和姥姥也跟着跑了出来。加斯顿龙小心翼翼地看着这些陌生人，放缓了动作，好像在犹豫是否要靠近。

“小可怜。”丽塔同情地看着加斯顿龙，伸手摸了摸它的脑袋。

“它受伤了！”尼基塔提醒说。

的确，加斯顿龙的前腿上有一道深深的齿印，血流不止。

“还不算太糟糕。”姥姥说，“我们有急救箱，我现在就去拿！”

兄妹俩小心翼翼地把加斯顿龙的伤口冲洗干净，抹上药膏；姥姥帮忙包扎了那只受了伤的后腿，它一动不动地接受着大家的帮助。包扎结束后，加斯顿龙低下头，向帮助自己的伙伴们表示感谢。

“现在可以歇一歇啦！”姥姥大叫一声，坐在了草坪上。

兄妹俩惊讶地对视了一眼，之前的注意力都集中在了加斯顿龙的伤势上了，没有注意到姥姥有什么变化。现在仔细看看，姥姥的穿着打扮完全换了个风格，身上穿着古生物学家的工作服：土黄色的短衫搭配同色系短裤，头上戴着圆圆的帽子，脖子上挂着一架望远镜，背上还背着一个行军包。这还不是全部！姥姥的容貌也发生了改变：她看起来更年轻了，脸颊泛着粉红色，眼睛里还闪烁着调皮的光芒。

“怎么了？”姥姥好奇地问，“你们为什么一直盯着我看呀？”

“没什么，就是感觉您好像和平时不太一样了。”丽塔笑着说。

“都是因为那本魔法书。”说着，奶奶把整个身子平躺在了草坪上。

兄妹俩学着姥姥的样子，三人并排躺在了草地上。这一天的经历惊心动魄，现在躺在像毯子一样软软的草坪上真是舒服极了。周围全是高大的树木，树叶发出的簌簌声响催人入睡……

“看，那是翼手龙（类）❶。”丽塔小声对尼基塔说，“这是一种会飞的恐龙，你看它们用手抓着树枝的样子多好玩儿啊！”

“咱们从这边扔个东西过去，看看它们是怎么飞行的，怎么样？”尼基塔边说边从口袋里掏出了一把弹弓。

“不可以，不要这样！如果射中它们怎么办？”丽塔赶忙阻止他。

“对，不要这样。”姥姥紧接着说，“它们或许会朝咱们这个方向飞呢。”

其中一只翼手龙仿佛能听懂姥姥的话。它松开爪子，离开树干，在空中盘旋了几圈儿后，落到了地面上。越来越多的翼手龙从树上飞了下来。还不到一分钟，这些翼手龙后脚落地，开始快速地追赶起地上的小型野兽。

“原来是这样！我一直以为翼手龙动作缓慢，不适合在地面行走呢。”丽塔惊讶地说。

“其实它们在陆地上跑得也很快啊，你们瞧！”姥姥笑了起来。

注❶：配图中的恐龙为翼手龙类的无齿翼龙。

没想到，一只离群的翼手龙从空中快速地俯冲下来，抢走了尼基塔手中的弹弓，又朝着天空飞去了。

“呀，还给我！”尼基塔一边大声喊着，一边开始追逐那只“小偷”。

禽龙们的午餐时间被意外打断了。它们似乎感知到了危险即将到来，警觉地围成了一个圈儿。年幼的恐龙被围在最里面，强壮的成年禽龙在外围保护大家，它们保持着这个阵型缓慢移动。

“它们可能感受到了附近有凶猛的野兽在靠近。”尼基塔猜想着。

“那咱们也要尽快离开这里了。”姥姥说，“赶紧回帐篷吧。”

但好像已经来不及了，要从这群巨大的恐龙包围中冲出去实在太难了，禽龙已经开始移动，三个人随时都有被它们巨大的脚掌踩成肉泥的可能。

“该怎么办呀？”尼基塔惊慌失措地问，“它们要把咱们踩成肉饼了！”

“快爬到那只禽龙的背上去！”姥姥下令，“它的体型比其他的禽龙小一些，我们应该能爬上去。”

兄妹俩迅速跑到那只禽龙身后，抓着它的尾巴，顺着它的背一点一点爬了上去，几分钟后姥姥也跟了上来。

禽龙惊讶地看着自己背上的意外来客，它并不打算反抗，背着他们和大部队一起前行。

周围的景色在发生着变化，大家离树林越来越远。被禽龙踩过的土地变得潮湿而松软，前行对禽龙来说变得困难了许多，但是没有一只禽龙停下脚步。

不久，森林消失了，映入眼帘的是一片低洼的草地。

“看，不远处有一群恐龙！”姥姥兴奋地喊着，“好像是一种肉食类恐龙。”“那是恐爪龙，是一种极其聪明又相当危险的恐龙。”尼基塔解释说，“虽然它们看起来不大，但是如果发起攻击，完全可以把咱们都吃掉，还有这里的任何一只禽龙！”

“别担心！咱们还有魔法书呢！可以让它带咱们回家！”说着，丽塔从书包里拿出了那本魔法书，打开第一页，三个人齐声喊：“请送我们回家！”

但是，什么都没有发生！凶猛的恐爪龙仍然在慢慢逼近，孩子们甚至可以听到它们巨爪摩擦的声音。

出人意料的是：走在前面的恐爪龙忽然停下了脚步。确切地说，它们仍然想往猎物的方向靠近，但是，在它们面前仿佛有一道看不见的屏障，在阻止它们前进。

“它们怎么了？”尼基塔惊讶地问。

“好像是陷入了沼泽。”姥姥回答。

“怎么会这样！”丽塔看着动弹不得的恐爪龙，不敢相信自己的眼睛。

“咱们得救了？！”祖孙三人这才反应过来，开心地拥抱欢呼。

兄妹俩和姥姥开心地大笑起来，他们从禽龙的背上滑下来，准备往回走。大约半个小时后，大家平安回到了帐篷。

“咱们进去吃点儿东西吧？”姥姥建议说。

兄妹俩早已饿得饥肠辘辘了，赶忙点头答应。

“咱们不会一直被困在这里吧？”丽塔吃着面包问姥姥。

“咳咳，不好意思，我能进来吗？”帐篷外传来了一个熟悉的声音，原来是英纳克奇教授。

“教授，怎么是您！”尼基塔惊奇地瞪大了眼睛。

“当然是我了，年轻人。”教授回答说，“你以为会是谁呀？恐爪龙吗？我有个非常有趣的消息要告诉你们。在研究了附近的岩石之后，我们发现在白垩纪初期，这里有一大片沼泽。也就是说，恐爪龙很有可能是在那片沼泽地里覆灭的！太令人惊叹了！”

教授滔滔不绝地讲着，大家的注意力却被别处吸引了：那本神奇的魔法书又开始发出光芒了。姥姥和兄妹俩急忙凑了过去，发现魔法书自己打开了。展开的那页上是一幅有趣的画面：一群张牙舞爪的恐爪龙被困在了沼泽地里，一只翼手龙在天空盘旋，它的爪子里拿的正是那把尼基塔的小弹弓。

小小古生物学家手记

加斯顿龙

一种白垩纪早期的植食类恐龙，全身遍布着圆形和椭圆形的棘刺。它们身上的护甲紧凑又坚硬，脖子到尾尖的身体两侧有一系列骨质突出物，像是尖锐的骨刺。这种形态能够很好地保护它们，防御敌人的侵害。

和人类相比，加斯顿龙的确庞大：它高1.5米，长5米，但是和其他种类的恐龙相比，加斯顿龙的体型就显得有些娇小了。

挥动尾巴，加斯顿龙就可以轻易击退自己的敌人——迅猛龙。

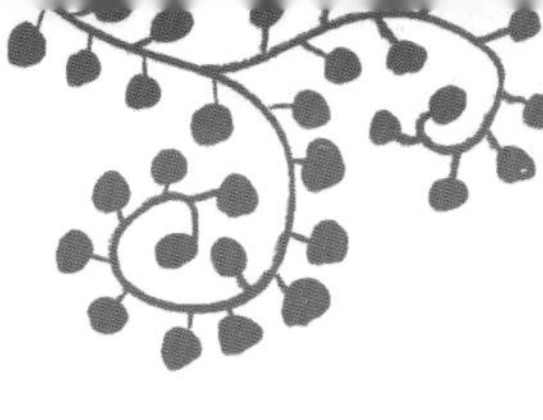

犹他盗龙

一种白垩纪早期的大型肉食类恐龙。它们长达5米，高2.5米。犹他盗龙活跃矫健，是出色的奔跑者。它们有锋利且大幅弯曲的趾爪，第二趾爪是其中最长的一根，伸长时可达24厘米。一些学者认为，犹他盗龙全身长着羽毛。

犹他盗龙十分聪明，给行动迟缓的植食类恐龙制造陷阱对它们来说容易极了。

翼手龙(类)

属于古代飞行爬行动物。最小的翼手龙，体型就像一只麻雀，最大的翼手龙，站起来就像长颈鹿一样高。大型翼手龙的翼展可以达到12米（也就是说，如果这样的恐龙坐在公交车的车顶上，它的翅膀可以从司机的位置一直覆盖到车厢最后排的乘客）。

大多数翼手龙以昆虫或鱼类为食，也有一些会捕捉蜥蜴，咬碎软体动物的外壳，或猎捕其他恐龙，甚至以植物为食。翼手龙的前脚处长着又长又锋利的尖爪。

科学家认为，翼手龙无法从平坦的地面上直接起飞，它们需要用爪子爬到树上，然后从高高的树干或者枝丫上飞下来，在这个过程中张开翅膀冲上蓝天。

翼手龙可以用四肢在地面上奔跑。

恐爪龙

恐爪龙是白垩纪早期一种体型不大，却异常危险的恐龙（长约3米，高约1米）。恐爪龙主要用后腿行进。它们后肢的第二趾节上，长着像伶盗龙一样的弯钩形利爪。

这种恐龙有着较为发达的大脑，因此能够轻松捕获植食类恐龙。由于自身体型较小，在遇到大型的植食类恐龙的时候，它们不会孤军奋战，而是采取团体作战，对大型植食类恐龙进行围攻。

禽龙

白垩纪早期的植食类恐龙。它们长约10米，如果在地面上完全站立的话，和一头成年长颈鹿差不多高（约5米）。禽龙通常四脚着地行走，但是在危及生命的紧急关头，禽龙会抬起前脚，用后肢奔跑。它们前爪上的小尖刺（长约20厘米），可以保护它们抵御其他两足恐龙的攻击。

全世界已发现的集体性的禽龙遗骸表明：禽龙是群居动物，它们经常一同迁徙。

禽龙发达的嗅觉帮助它们感知敌人的靠近。